Spectacled Guillemot

ケイマフリ

天売島の紅い妖精

寺沢孝毅

100万羽の海鳥が新しい命を育む北海道天売島。
海の宇宙に浮かぶ周囲12キロの星だ

Teuri Island of Hokkaido, where a million seabirds bring up new lives, is an island of 12 kilometers around.

命の星「地球」がつくった
芸術作品、それがケイマフリだ

The spectacled guillemot is an artwork that the earth, the planet of life, created.

まず最初に目に飛び込んでくるのは鮮烈な足の紅だ　At first sight, you will see the vivid red of their feet.

アイヌの人々は、この鳥をケマ・フレ（足・赤い）と呼んだ　The people of Ainu called the spectacled guillemot “kema-fure” (feet, red).

海鳥と漁師の互いに干渉しない関係が百数十年も続いている

In Teuri Island, the relation of non-interference between seabirds and the fishermen continues more than a hundred years.

「ピッピッピッ……」。つがいの声が断崖に響く
“Pi pi pi ......”. The chirping of the pair echoed through the cliff.

こうした求愛の叫びが「海のカナリア」といわれる所以だ
Such calls of the courtship is the reason the bird is called “the canary of the sea”.

波が静かな朝は、お気に入りの岩で過ごすつがいが多い

Many pairs spend the morning of the gentle ocean wave at their favorite rocks.

つがいのしぐさからは、深い愛と絆が伝わってくる
The gestures of the pair show their deep love and close bonds.

早朝、岩上でたたずむつがいが鳴き合いをはじめた

Early in the morning, the pair on the rock started their courting calls.

気分が高まるほど力強い声を上げ、翼を広げるなど躍動的になる

As they get more excited, they raise more powerful voice and became more energetic by opening their wings.

交尾の一場面

A scene of breeding.

ケイマフリの紅は、繁殖のための大事なサインに違いない
The red of the feet and the mouth must be an important signature of procreation.

沈みゆく西日に照らされ、海と崖と空が紅く染まった

The sea, the cliff and the sky glowed red by the sunset.

巣がある断崖をめざし、小刻みに羽ばたきながら一直線に飛ぶ

The spectacled guillemot flaps straight toward the nest on the cliff.

黒、白、紅の単純な組み合わせなのに、
これほど上品で美しい鳥をほかに知らない

Though it is just a simple combination of black, white, and red, I do not know any other birds as sophisticated and beautiful as this one.

岩や海、海草の絶妙な彩りがケイマフリの紅を引き立たせる

The exquisite colors of the rocks, the sea and the seaweed make the red of the spectacled guillemot more attractive.

海で見る自由な動きは、いかに海に適した身体かを物語る
The smooth action you will see in the water tells how the bird is suitable for the sea.

飛翔のスピードを保ったまま滑るように着水した
It took water after gliding gracefully with the soaring speed.

頻繁に海中をのぞき見るのは、食べ物を探すためと天敵への警戒だろうか

Why they peep into the sea frequently? Maybe they look for foods, and take precautions against natural enemies.

のびやかに泳ぐゴマフアザラシ。天売島の海では海洋哺乳類も生きている

The spotted seal enjoys swimming. The marine mammals live in the sea of Teuri Island.

ケイマフリは羽ばたいて潜水し、魚を追いかけて捕らえることができる

The spectacled guillemot can flap and go under water in pursuit of fish.

体長20センチほどのイカナゴを捕らえた
A spectacled guillemot caught a sand lance of approximately 20 centimeters long.

魚の重さが飛行の負担になっても、ヒナの成長に適した魚を選んで捕る
Even if the weight of the fish burdens the flight, they choose to catch it that is suitable for the growth of their baby birds.

ケイマフリの巣がある断崖で繁殖するオオセグロカモメ

Slaty-backed gull has its breeding ground at the same cliff where the spectacled guillemot has its nest.

イカナゴほしさにケイマフリを執拗に追うウミネコ

A black-tailed gull obstinately chases the sand lance which a spectacled guillemot caught.

このあと、ケイマフリは海に飛び込んで潜水し、難を逃れた

Afterwards, the spectacled guillemot dived into the sea and got out of trouble.

巣の場所を天敵に悟られないように、
何度も旋回してから岩の裂け目に飛び込んだ

A spectacled guillemot jumped into the slit of the rock after he turned in the sky many times so that the natural enemies won't notice the place of the nest.

人が住む海辺の反対側の海岸に、別世界という言葉だけでは言い表せない湾がある。ケイマフリのお気に入りの場所だ

At the seashore opposite to the populated area, there is the gulf of stunning beautiful that cannot be expressed by a mere word of another world. This is the favorite place of the spectacled guillemot.

ケイマフリの高層マンションのような断崖。岩のすき間のあちこちに巣がある

Several nests of the spectacled guillemot can be seen between cracks of the rocks. The cliff looks as if the high-rise apartment.

鳴きながら追いかけ合うつがい。求愛の舞いは海中にまで及ぶこともある

The pair of the spectacled guillemot calls each other and runs after another. The dance of the courtship may extend to under the sea.

岩場と水面で呼び合う2羽の距離が少しずつ縮まっていった

The distance of two spectacled guillemots who called each other on a rock and at the water surface shrank little by little.

水面での鳴き合いが最高潮に達したときのポーズ。めったに見ることはない
The posture when the courting calls reached the climax in the water. You can rarely see it.

鳴き合いの最後に片方が突進。
威嚇のために鳴き合うこともあるのだ
At the end of calls, one dashed toward the other.
This may has been calls to ramp.

口のなかの鮮紅を目の当たりにした誰しもが、
この鳥の虜になってしまう

Anyone who sees the scarlet in the mouth
becomes will be fascinated with this bird.

天売島での海鳥の繁殖は、
人が住むはるか以前から続く営みだ

The reproduction of seabirds in Teuri Island
started long before the human settled.

ケイマフリが見せる自然な表情は、
島の人と鳥との関係を物語る

The natural expression that a spectacled guillemot shows tells the relations between the birds and people of the island.

ケイマフリの優雅さをいっそう引き立てるのは、手つかずに残る周囲の断崖風景だ。岩肌の黒、植物の緑、空の青など周囲を映す水面が、鳥との調和の旋律を生み出す

The untouched cliff enhances the elegance of the spectacled guillemot. The water surface that reflect the black of the bare rocks, the green of the plants and the blue of the sky create the harmonious melody with the bird.

相手をいたわるようなしぐさは、互いの絆を強めるのに役立っているのだろう
The gesture of consoling the partner may strengthen each other's bonds.

せまい岩の上で寄り添う2羽が、愛らしい表情を見せた

The two snuggled up to each other on a narrow rock and showed a lovely expression.

ヒナが育つ巣の入り口で、
つがいがコミュニケーションをとっていた

The pair talked together at the entrance of the nest where they raise their baby birds.

私が世界一好きな小さな湾。
周囲の色を浮かべた水面でケイマフリが躍動する

The most favorite small gulf in the world. The spectacled guillemot dances on the water surface that reflect surrounding colors.

飛び立ちの最初の段階では、強力な翼の動きが欠かせない
The movement of the powerful wings is indispensable at the beginning of flying off.

水面滑走する足の強さも、飛ぶためのスピードを得るために重要だ
The strength of the feet running on the water surface is important to get speed to fly.

水面を蹴る紅い足、
ほとばしる光の点が美しい瞬間をつくる

The red feet which kick the surface of the water and splash of the light that gushes make a beautiful moment.

この鳥が赤い足で駆け回るだけで、
風景が動き出すようだ

Scenery seems to start moving only by
spectacled guillemots begin to run about
with their red feet.

水面を駆け抜ける2羽。
長いあいだ水面を走ってようやく宙に浮く

The two run on the water surface.
They run for a long time and finally
fly into the air.

コンブまみれの岩の頂上を取り合うことで、
強さの順番を決めているようだ

They seem to decide hierarchy by
scrambling for the top of the rock
covered with sea tangle.

岩に座る私に近づいてきて、見上げてから通り過ぎた。この鳥を大切にし、この関係をずっと守り続けたいと思う

A spectacled guillemot approached me sitting on a rock. He passed after he looked up at me. I want to take good care of this bird and to keep this relationship.

鏡のような水面が広がった。「利尻富士が近く見えると荒れる」と島の漁師がよく言う
The water surface spread out like the mirror. The fishermen of the Teuri Island often say "it will storm when Mt. Rishiri looks nearby."

海鳥の夏が終わる夕暮れを見ながら、激浪と吹雪の季節を思った。それを越えれば大好きな海鳥の季節がまたやってくる

While weeing the dusk at the end of the seabirds' summer, I thought of the season of raging waves and the snowstorm. My favorite season of seabirds comes again when it's over.

地球に生命を生んだ宇宙。
天売島にも宇宙のリズムが流れている

Rhythm of the space, which produced life on the earth flows through Teuri Island.

天売島は、北海道羽幌町の一部で、定期船は焼尻島を経由して天売島に入港する。海鳥の繁殖シーズンに当たる春から夏は、1日に複数便の定期船が運航する。漁業と観光の島で、約320人が暮らす（2016年現在）。

Teuri Island is a part of Haboro-cho, Hokkaido. The liner enters Teuri Island via Yagishiri Island. Several liners per a day operate during summer and spring, which are seabirds' reproduction season. The island has approximately 320 people as of 2016.

ケイマフリ

英名：Spectacled Guillemot　学名：*Cepphus carbo*
環境省レッドリスト：絶滅危惧Ⅱ類　体長：37cm

世界的に希少な海鳥

ケイマフリは、我が国ではユルリ・モユルリ島など北海道の離島をはじめ知床半島のウトロ側、青森県の尻屋崎などで繁殖する。なかでも天売島は最大の繁殖地で、約200つがいが繁殖しているとみられる。繁殖期の４～７月に天売島沿岸海上に浮かぶ個体は、時間帯や季節によって変動するが、多いときで500羽を数える。1963年の天売島における生息数が3,000羽という記録があるので、そのときに比べると減少しているのは確かなようだ。

世界的に見ると、繁殖地はオホーツ海を囲む海岸線および北海道の断崖や離島、朝鮮半島の日本海側の一部で、繁殖期以外は陸に上がらずに海上生活をおくる。海岸に比較的近い海で過ごすと考えられている。このようにケイマフリの世界における分布はとても狭く、観察できる場所が限られる希少な海鳥である。そして、この鳥を観察するのにもっとも適した場所が、天売島なのだ。

天売島での暮らし

天売島周辺の海で、ケイマフリが一気に目立つようになるのは３月だ。冬を過ごしていた周辺の海から、繁殖地である天売島を目指して集まってくるのだ。この頃から２羽が追いかけ合うように飛翔するなど、つがい形成に関係するとみられる行動が見られるようになる。

天売島の北西向き海岸は、100メートルを越す断崖絶壁が約4キロにわたって続く。垂直に近い岩場の小さな裂け目の奥が、ケイマフリが産卵のためによく利用する場所だ。そうした崖下の海に姿が目立つようになるのは４月だ。午前中の早い時間を中心に、つがいで鳴き合いながら求愛行動や交尾が行われる。こうした行動は５月まで活発に続く。

イカナゴを運ぶケイマフリ

ケイマフリの冬羽個体

産卵は５月を中心に行われ、１～２卵を産む。抱卵日数は27日とされる。６月にはヒナが孵化し、７月には巣立ちがはじまる。２卵を産んだ場合、孵化した2羽のヒナは成長に差がつき、１羽目の巣立ちから10日も遅れて２羽目が巣だったという事例が報告されている。また、２羽とも育っていたヒナが、巣立ちまでに1羽に減少する場合もある。ハシブトガラスがケイマフリの巣穴をのぞき込むなどの行動が確認されており、ドブネズミを含むこれらの天敵の影響である可能性が考えられる。ヒナへの給餌は、両方の親鳥が小魚などを１匹ずつくわえて運ぶことで行われる。天売島ではイカナゴ、カジカの仲間、ギンポの仲間、エビなどの甲殻類を運ぶ様子が観察されている。８月初旬には、親鳥も巣立ったヒナも、繁殖地沿岸では見られなくなる。

こうした繁殖生態についての研究は、繁殖場所に人間が容易に近づけないことから進んでおらず、その詳細については今後の調査が待たれる。

非繁殖期の暮らし

天売島周辺の海では、１年を通してケイマフリを見ることができる。繁殖期が終わった秋から冬は、稀に港内などで観察される以外は海岸から見ることはほとんどない。しかし、天売島と羽幌を結ぶフェリーからであれば、年によって変動はあるものの比較的ふつうに観察できる。

この季節は冬羽で、繁殖期に見る全身が黒づくめの姿とは異なる。完全な冬羽では喉から腹部までの下面が白く、換羽中の個体は下面が白黒のまだら模様のこともある。ケイマフリ独特の目の周りの白い特徴は残るので、わかりやすい識別ポイントとなる。足の赤は、冬羽個体では繁殖期ほど鮮やかではない。

天売島で繁殖する海鳥

天売島には8種類の海鳥が繁殖している。ウ科のヒメウ、ウミウ、カモメ科のウミネコ、オオセグロカモメ、ウミスズメ科のウミガラス、ケイマフリ、ウミスズメ、ウトウだ。

オロロン鳥の愛称でも知られるウミガラスは、直立した格好がペンギンによく似ている。かつては北海道の離島に数か所あった繁殖地が天売島のみになり、1938年に4万羽とされた天売島の生息数が1990年代以降に10羽台まで落ち込んで絶滅が心配された。デコイと呼ばれる鳥模型をかつての繁殖地に並べ、鳴き声を流して誘引作戦を行った結果、2011年から生息数、巣立ち数ともに増加傾向に転じている。

繁殖場所近くの岩場にとまるウミガラス

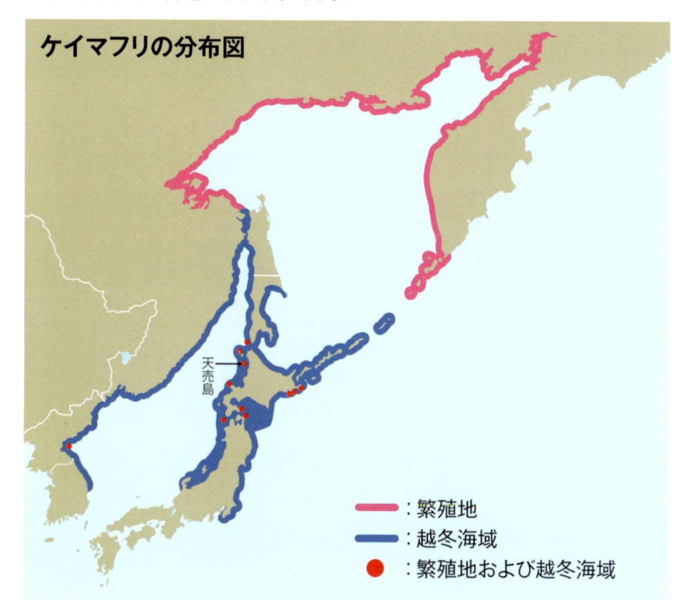

日本の繁殖地は、礼文島、天売島、積丹半島、知床半島ウトロ側、根室市ユルリ・モユルリ島、浜中町、厚岸町、恵山岬、松前小島、青森県尻屋崎。

ウトウは40万つがい以上が繁殖し、天売島が世界最大の繁殖地だ。非繁殖個体を含めると、繁殖期に天売島に集まる数は100万羽を超すのかもしれない。ウトウは地面に掘った巣穴で繁殖し、日没後に海から巣穴に戻って抱卵交代や給餌を行い、夜明けとともに繁殖場所から海へと飛び立ってゆく。天売島では夕刻のウトウの帰巣を観察することができ、宙を舞いながらおびただしい数が帰巣するシーンは誰もが感動に強く胸を打たれるだろう。

繁殖する海鳥たちの観察は、断崖に3か所ある展望台からできる。徒歩、観光バス、レンタサイクルなどの手段で容易に利用が可能だ。また、船から観察する方法もあり、海に浮かぶ海鳥と背後の断崖風景は圧巻だ。

岸から数百メートルの海に浮かぶウミスズメ

日没のころヒナに魚を持ち帰るウトウ

引用文献

Masayuki Senzaki, Makoto Hasebe, Yoshihiro Kataoka, Yoshihiro Fukuda, Bungo Nishizawa and Yutaka Watanuki 2015. Status of the Spectacled Guillemot（*Cepphus carbo*）in Japan. Waterbirds 38（2）: 184-190

環境省北海道地方環境事務所 2014. 平成25年度国指定天売島鳥獣保護区におけるケイマフリ調査

櫻澤郁子 1999. 青森県尻屋崎港の弁天島におけるケイマフリ（*Cepphus carbo*）の繁殖生態. 修士論文

南浩史・青塚松寿・寺沢孝毅・丸山直樹・小城春雄 1995. 天売島におけるケイマフリ（*Cepphus carbo*）の繁殖生態. 山階鳥類研究所研究報告27：30-40

寺沢孝毅 プロフィール

1960年、北海道士別市生まれ。1982年4月、北海道教育大学を卒業後、希望して天売島にある小学校教師として赴任。10年間の教員生活の後に退職してそのまま天売島に住み着く。島に渡ってから続けてきたウミガラスをはじめとする海鳥の保護・調査を継続。そのかたわら自然写真家としての活動を本格的に開始する。

1999年、天売島ビジターセンター「海の宇宙館」を開設し、自身の写真を生かして天売島の自然環境などの展示・情報発信を行う。

2006年、ウミガラスなどの長年にわたる鳥類保護で日本鳥類保護連盟会長賞を受賞。

2009年、守りたい生命プロジェクト有限責任事業組合を設立して代表に就き、身近な自然や地球環境について伝える活動を展開する。

『寒流が結ぶ生命』『天売島の自然観察ハンドブック』（いずれも文一総合出版）、『北極 いのちの物語』（偕成社）など著書多数。

寺沢孝毅website　http://www.naturelive.jp

守りたい生命プロジェクトwebsite
http://www.wildlife-p.com

天売島website　http://www.teuri.jp

ケイマフリ 天売島の紅い妖精

2016年5月14日　初版第1刷発行

著　　者● 寺沢孝毅
デザイン● ニシ工芸（西山克之）
発 行 者● 斉藤 博
発 行 所● 株式会社 文一総合出版
〒162-0812 東京都新宿区西五軒町2-5川上ビル
tel.03-3235-7341（営業）、03-3235-7342（編集）
fax.03-3269-1402
HP: http://www.bun-ichi.co.jp
振　　替● 00120-5-42149
印　　刷● 奥村印刷株式会社

乱丁・落丁本はお取り替え致します。

ISBN978-4-8299-7203-8　NDC486　80ページ　AB（210×257mm）